BIBLIOTHÈQUE

DE

L'HORTICULTEUR ET DE L'AMATEUR DE JARDINAGE.

CULTURE PRATIQUE

DES

LANTANAS

PAR

E. CHATÉ fils

HORTICULTEUR.

PRIX : 1 FR. 25 C.

PARIS

LIBRAIRIE D'HORTICULTURE DE E. DONNAUD

9, RUE CASSETTE, 9.

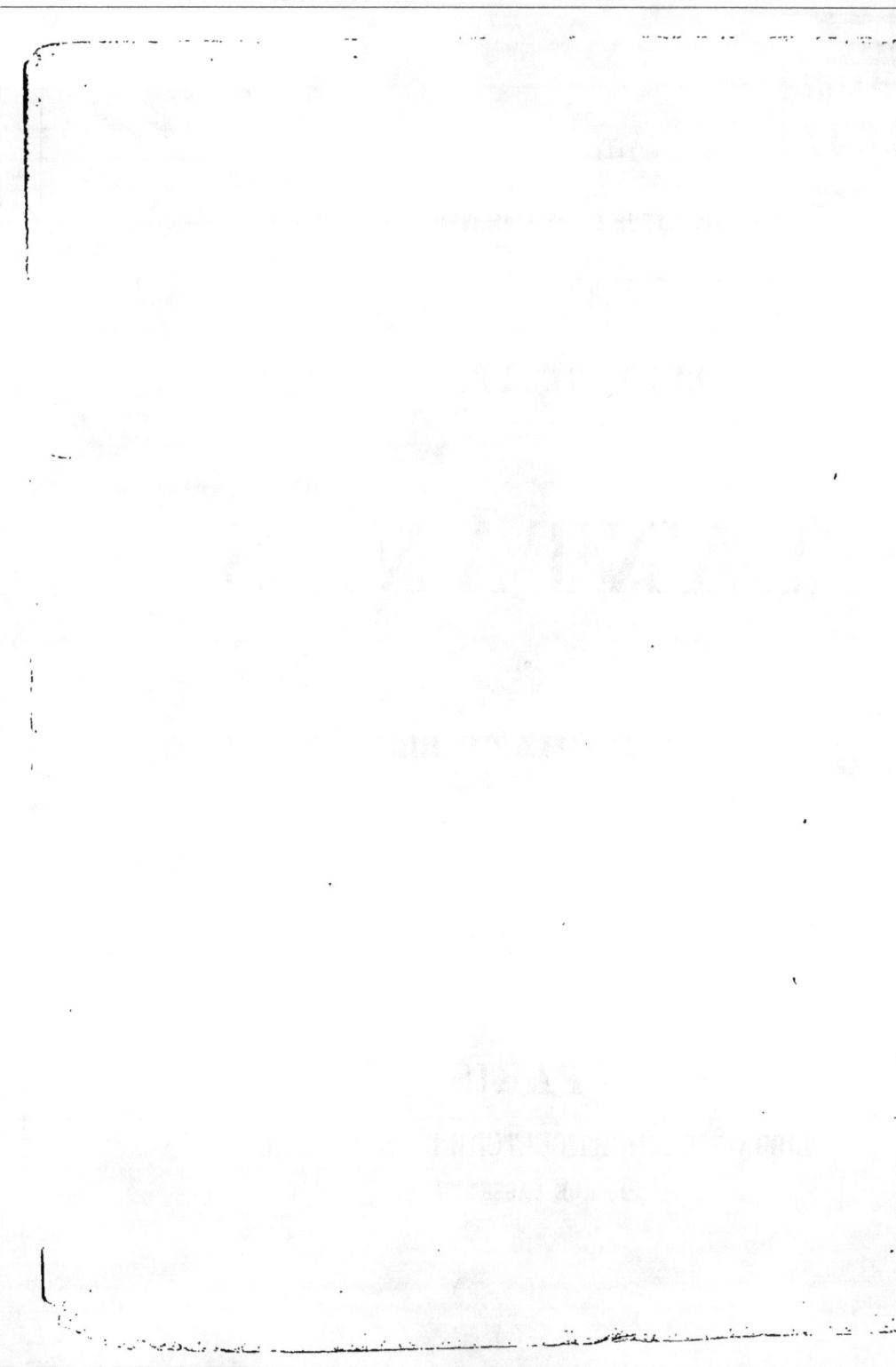

DES

LANTANAS

2037

DU MÊME AUTEUR :

Traité des Verveines. Un joli volume in-32 colombier, avec gravures. Prix, broché : 1 fr. 25

Traité des Giroflées. Un joli volume in-32 colombier, avec gravures. Prix, broché, 1 fr. 25

Traité des Cinéraires. Un joli volume in-32 colombier, avec gravures. Prix, broché : 1 fr. 25

Paris. — Imprimerie horticole de E. Donnaud, rue Cassette, 9.

MANTANA.

CULTURE PRATIQUE

DES

LANTANAS

ESPÈCES ET CHOIX DES PLUS BELLES VARIÉTÉS
OBTENUES DANS CES DERNIÈRES ANNÉES

PAR

E. CHATÉ Fils.

PARIS

LIBRAIRIE D'HORTICULTURE DE E. DONNAUD,

RUE CASSETTE, 9.

1865

LANTANAS.

DESCRIPTION

FAMILLE DE VERBENACÉES.

Herbes, sous-arbrisseaux et arbris-
seaux à feuilles opposées ou verticillées
sans stipules. Fleurs irrégulières disposées en épis ou en cymes paniculées,
accompagnées de bractées croissant pendant la floraison ; calice monosépale à 4
ou 5 lobes ; 4 ou 5 étamines à anthères
biloculaires ; ovaire supère implanté
dans un disque et à 4-8 loges, contenant

chacune 1 ou 2 ovules. Fruit capsulaire ou charnu.

LANTANA Camara, de *Viburnum lantana*, à cause de la ressemblance. — Sous-arbrisseaux à tiges carrées odorantes; fleurs petites disposées en capitules corymbiformes axillaires; calice à 4 dents; corolle à long tube évasé au sommet, à limbe oblique à 2 lèvres étalées, la supérieure entière ou bifide, l'inférieure à 3 lobes; 4 étamines. Fruit charnu contenant 2 noyaux.

Les amateurs et les jardiniers reviennent à la culture des Lantanas, abandonnée pendant quelques années.

Les nouvelles variétés obtenues par

d'habiles semeurs ont montré quelles ressources présentait cette plante.

Son joli port, la variété des couleurs qui la parent, la facilité qu'elle offre à prendre toutes les formes, en font un précieux sujet pour l'ornement des corbeilles et des plates-bandes. Les Lantanas sont originaires des contrées méridionales de l'Amérique.

Ils se plaisent dans les lieux les plus arides, et présentent une magnifique végétation là où la plupart des plantes ont de la peine à vivre.

Pendant longtemps ils furent rejetés par les jardiniers, parce qu'ils passaient pour être exclusivement de serre chaude.

Quel que soit le mérite de ces plantes, elles ne peuvent être achetées que par un petit nombre d'amateurs, le nombre de ceux qui peuvent se livrer à la culture luxueuse des plantes tropicales se trouvant très-restreint.

Aujourd'hui les Lantanas se cultivent l'été en pleine terre et tout le monde peut en jouir facilement.

La multiplication se fait de .deux manières : par semis et par bouturage.

La multiplication par semis, presque exclusivement employée pour obtenir de nouvelles variétés, peut cependant servir à garnir les plates-bandes et les massifs.

Les graines doivent être récoltées lorsqu'elles sont devenues bien noires, signe de leur entière maturité.

Il est essentiel de ne récolter que sur des variétés de couleurs très-foncées, dont les coloris s'éloignent le plus possible du jaune, couleur dominante.

Le blanc et particulièrement le rose se trouvent dans un grand nombre de variétés ; mais la couleur jaune est celle qu'il faut chercher à rejeter ; puisque presque toutes les variétés ont le centre jaune, surtout celles qui proviennent du *Lantana Camara*, qui ont été plus particulièrement semées par les obtenteurs des nouvelles variétés.

Les porte-graines devront donc être pris parmi les variétés dont le centre jaune sera le moins grand.

Les semis se font sur couche, au commencement de mars, et mieux en pots ou en terrines, afin d'éviter une trop grande humidité.

On repique les jeunes plantes soit sur une couche retournée, dès qu'elles ont quatre feuilles, soit sous un châssis ou dans de petits pots, dits godets.

Ce dernier moyen est préférable au repiquage en plein sur la couche, parce qu'il permet de pouvoir changer les jeunes plantes sans les faire souffrir.

A mesure que les plantes se dévelop-

peront, on augmentera l'air graduellement.

Quelques jours avant de les mettre en
pleine terre, on retirera entièrement les
châssis, afin de les préparer à supporter
le plein air.

Vers le commencement de mai, si les
gelées ne sont plus à craindre, on plantera en pleine terre les jeunes Lantanas
de semis, qui fleuriront depuis la fin de
juin jusqu'aux gelées.

Les nouvelles variétés qui se produi-
raient dans ces semis, devront être mul-
tipliées par boutures, aussitôt que l'on
aura pu se convaincre de leur mérite,
afin que ces boutures soient assez fortes

pour passer l'hiver sans le secours d'une serre chaude.

La multiplication par boutures est pré-férable au semis sous tous les rapports. Elle permet de calculer l'effet que doit produire le massif que l'on se propose de planter; les variétés ayant été marquées d'avance par couleurs, il sera donc très-facile de former un massif très-harmo-nieux de couleurs, et bien équilibré de forme.

Selon la quantité que l'on voudra multiplier, on devra, dès le mois de jan-vier, rentrer en serre chaude les variétés que l'on voudra propager.

La meilleure époque pour multiplier

sous cloches en serre chaude, est du 15 février au mois d'avril.

Avant cette époque les boutures sont plus sujettes à fondre ; et une fois le mois d'avril arrivé, la multiplication sur couche est préférable.

Les boutures doivent être faites avec de jeunes pousses très-tendres, de 4 à 5 centimètres de longueur et piquées de suite dans des pots, dits godets, fabriqués pour cet usage.

Je ferai également remarquer que les Lantanas prennent racine, quelle que soit la place où on les coupe, pourvu que ce soit avec des pousses de bois très-tendres.

A mesure que l'on apercevra que ces boutures émettent des racines, on les retirera de dessous les cloches, pour les laisser pendant une quinzaine de jours à l'air libre de la serre ; puis on les rem·potera dans des pots plus grands, pour y rester jusqu'au moment de les mettre en pleine terre.

Les plantes ainsi rempotées devront être sorties de la serre et placées sur une bonne couche préparée à l'avance, afin de faciliter le développement de leurs premières racines. De même qu'au semis, on leur donnera graduellement de l'air à mesure que la saison avancera.

La terre destinée à l'empotage devra

être mélangée moitié terre du sol si le terrain est sableux, et moitié terreau de couche ou de feuilles ; dans le cas où le sol ne serait pas sableux, la terre de bruyère doit le remplacer.

On peut faire prendre aux Lantanas toutes sortes de formes.

Pour garnir les vases ou les pots, la forme en boule est d'un excellent effet.

On l'obtient en pinçant la branche principale à quatre ou six yeux, c'est-à-dire au deuxième ou au troisième rang de feuilles, selon la hauteur que l'on se propose de donner à la plante.

On laisse les branches partant de la

base s'allonger librement, on pince celles des rangs supérieurs de plus en plus court à mesure qu'on approche du sommet; on continue ainsi à pincer jusqu'à l'entière formation, ce qui demande à peine trois mois.

Par ce procédé, on fait du Lantana l'une des plus belles plantes que l'on puisse posséder.

Ces arbustes ainsi formés, étant rentrés dans une bonne serre tempérée, fleurissent jusqu'au mois de janvier, et dans une serre chaude ils fleuriraient tout l'hiver.

Il est essentiel de couper les fleurs à mesure qu'elles se passent; pendant

l'hiver, une fleur passée moisissant sur
la branche, la fait souvent périr entièrement.

On peut aussi laisser pousser les Lantanas en pyramide, forme que ces plantes prennent naturellement ; on leur met
au début de la végétation un tuteur,
pour tenir droite la tige centrale, qui doit
elle-même fournir toutes les branches
secondaires.

Il est essentiel que les plantes soient
espacées dès leur jeunesse, afin de leur
permettre de développer uniformément
toutes leurs branches secondaires.

Cette forme est la plus prompte et la
plus facile à pratiquer pour obtenir en

3

peu de temps un fort arbuste, qui depuis sa naissance fleurira constamment.

Les pincements que l'on est obligé de pratiquer pour obtenir les autres formes retardent leur floraison ; les bouts des branches que les pincements font tomber étant ceux qui donnent les fleurs.

On peut aussi faire très-facilement des Lantanas sur tige, en supprimant tous les yeux qui forment les branches inférieures ; on détruira ainsi tous les yeux jusqu'à la hauteur où l'on veut obtenir la tête que des pincements réitérés compléteront.

Ces plantes se prêtent à toutes sortes de formes, en éventail, palissées le long d'un mur, fichées au ras de terre ; elles sont partout d'un brillant effet.

Revenons à la confection d'un massif avec des sujets obtenus de boutures ; formés soit en pyramides, soit autrement.

On choisira pour faire le centre les variétés les plus vigoureuses (voyez *la description des variétés*).

Un terrain aride, mais bien exposé au soleil, suffit à cette plante peu exigeante ; cependant on labourera convenablement la terre en forme ovale ou ronde.

Au commencement de mai, comme je l'ai dit pour les semis, on plantera en quinconce à 40 centimètres de distance ; puis on paillera le massif avec du fumier de couche à moitié consommé, afin que la terre ne se tasse pas trop et conserve toujours une légère fraîcheur.

Il ne faut arroser que rarement les Lantanas plantés en pleine terre, une trop grande fraîcheur ferait jaunir leur feuillage, surtout dans les terres fortes ; dans les terrains sableux, ils pousseraient extraordinairement, ce qui réduirait d'autant leur floraison.

C'est pourquoi dans un grand nombre de cas, il vaut mieux ne jamais arroser.

Dans le cas où l'on voudrait conserver ces Lantanas pendant plusieurs années, au lieu de les planter en pleine terre, on devra les mettre dans des pots de 20 à

25 centimètres de diamètre avant de les disposer en massifs.

On enterre ensuite les pots au ras de terre ; puis on les couvre d'une légère couverture de paillis.

Dans ce cas il faut arroser plus souvent, il faut même empêcher les plantes de faner ; les racines étant circonscrites dans les pots, ont naturellement moins de fraîcheur qu'en pleine terre.

Pour éviter que les racines des plantes ne passent par le trou du pot, pour aller s'enfoncer en pleine terre, je mets avant le rempotage un large tesson ou débris de pot qui couvre entièrement le trou d'où les racines pourraient s'échap-

per ; tout en permettant à l'eau de
s'écouler facilement.

Si, malgré cette précaution, on s'aper-
çoit par la croissance extraordinaire de
quelques pieds que les racines ont fini
par franchir le fond du pot , on fait faire
au pot plusieurs tours sur lui-même afin
de tordre ou rompre ces racines.

Quand quelques gourmands ou pousses
extraordinaires se produisent au milieu
des autres branches, il faut les rabattre à
la hauteur des autres. Ces gourmands
sont presque toujours produits par les
racines qui ont franchi le fond du pot.

Règle générale, il faut pincer tous les
rameaux qui se développeraient plus que

les autres, afin de garder son massif et
ses plantes bien uniformes.

La culture en pot des Lantanas desti-
nés à être mis en massifs offre, outre les
avantages dont je viens de parler, celui
de conserver les plantes pour la multiplication, et aussi de pouvoir jouir de la
floraison pendant l'hiver, en les rentrant
dans une serre tempérée sans les avoir
rabattus.

Lorsque par l'exiguïté de la serre
tempérée il sera impossible d'y placer
les Lantanas, on les rabattra à trois ou
quatre yeux sur le vieux bois ; on retirera toutes les feuilles afin de laisser les
branches toutes nues ; de cette façon
ils pourront facilement passer l'hiver en

serre froide, pourvu que ce soit à l'exposition du midi, et que la serre soit bien aérée et bien éclairée.

Ils devront y rester jusqu'au moment où l'on voudra les faire pousser pour la multiplication, ou jusqu'à la fin de mars, époque vers laquelle il faudra les rempoter.

Pendant l'hiver, non-seulement il faut ne pas les arroser, mais encore il faut les préserver de toute humidité.

On ne donnera un peu d'eau qu'aux plantes les plus sèches, quand elles commenceront à pousser, ce qui arrive toujours dans la première quinzaine de février ; les arrosements devront aug-

menter à mesure que les plantes pous-
seront ; il faut aussi donner de l'air en
l'augmentant graduellement à mesure
que l'on approchera de l'époque où on
les mettra dehors.

Avant de parler des espèces botaniques, et des plus belles variétés mises
au commerce dans ces dernières années,
je ferai remarquer que : soit les nombreuses petites épines de dessous leurs
feuilles, soit leur forte odeur, peu d'in-
sectes osent attaquer les Lantanas.

Seuls, les Pucerons viennent quel-
quefois sur les plantes, lorsqu'elles com-
mencent à pousser dans la serre. En
fermant hermétiquement les châssis et

la serre, on les détruira facilement avec quelques fumigations. Dans le cas très-rare où les Pucerons viendraient quand les plantes sont mises en pleine terre, au lieu de fumigations, on devra les seringuer avec de l'eau dans laquelle on aura fait infuser des feuilles de Tabac; il est inutile de dire que l'eau doit être employée froide.

Depuis dix ans que je cultive les Lantanas, je n'ai encore constaté aucune maladie particulière; l'humidité est seule à redouter pendant l'hiver.

Des espèces botaniques ont, après plusieurs croisements, donné naissance aux variétés nouvelles cultivées aujourd'hui.

Lantana Camara. Lantana à feuilles

de Mélisse (Verbenacées), espèce originaire de l'Amérique du Sud.

Arbrisseau ligneux atteignant 1 m.
50 de hauteur ; feuilles ovales crénelées,
rudes, d'une odeur forte. Fleurs réunies
en petits corymbes serrés, d'abord
jaunes, puis aurore en s'épanouissant.
Cette espèce est celle sur laquelle on a
le plus semé ; elle a produit de belles et
nombreuses variétés.

Lantana Mexicana. Espèce introduite
du Mexique ; semblable au Camara, les
fleurs sont mieux faites et d'une belle
couleur orangée ; odeur un peu moins
forte (paraît être intermédiaire de la
précédente).

Lantana odorata. Espèce odorante de

l'île de la Trinité, atteignant 1 m. 30 de haut ; feuilles opposées et ternées, oblongues, lancéolées, pubescentes et blanchâtres en dessous ; corymbe de fleurs globuleuses d'un rose lilas pâle.

Cette espèce a produit de nombreuses variétés à fleurs roses très-recommandables.

Lantana nivea. Lantana à fleurs blanches originaire du Brésil. Rameaux tétragones couverts d'épines courtes et courbées ; feuilles ovales, lancéolées, dentées ; presque en tout temps, fleurs blanc de neige, à odeur suave, en corymbes rares et peu garnis ; espèce délicate pour passer l'hiver ; il lui faut la serre chaude.

Après plusieurs semis réitérés, cette espèce a donné naissance à des variétés très-florifères, à fleurs blanc de neige très-grandes, en corymbes bien faits, d'un port gracieux et charmant, et beaucoup moins délicates.

Lantana albo - purpurea. Lantana bicolore ; fleurs blanches et pourpre dans le même corymbe ; cette espèce a donné naissance à plusieurs variétés d'un grand mérite ; leur odeur est moins forte que dans le Camara.

Nous citerons aussi les *Lantana mutabilis lilacina ;* espèces qui paraissent être des intermédiaires de celles citées plus haut.

Lantana Sellowiana, appelé aussi *Lippia Montevidensis* par les botanistes. *Lantana de Sellow ;* originaire du Brésil. Tiges grêles, à très-petites feuilles ovales très-veinées, abondante floraison jusqu'aux gelées ; fleurs réunies en corymbes, pleines, d'un rouge violet à petit centre blanc, espèce traçante et d'un grand effet en bordure ; odeur aromatique très-prononcée.

Cette espèce s'est toujours montrée rebelle à varier ; elle paraît former un genre séparé des précédentes.

Les meilleures variétés de Lantana ont été obtenues par :

M. François Ferrand, horticulteur à

Marseille, producteur des belles variétés nouvelles provenant toutes des *Lantana Camara, Mexicana albo - purpurea*. On trouve les caractères de ces espèces dans toutes les variétés qu'il a mises au commerce.

M. CHAUVIÈRE, ancien horticulteur parisien, producteur des variétés issues du Sellowiana.

M. HENRI DEMAY, horticulteur à Arras, semeur des variétés issues de tous les types, excepté les Camara et les Sellowiana; dans aucun de ses semis on ne trouve des caractères de ces deux espèces.

M. BOUCHARLAT aîné, horticulteur à

Lyon, qui s'occupa, l'un des premiers, des semis de ce genre. Les variétés qui sont mises au commerce proviennent de tous les types.

Enfin, MM. RENDATLER, horticulteur, à Nancy, HANS, à Mulhouse, ROUGIER, à Paris, CHATÉ, à Saint-Mandé-Paris, BAUDINAT, à Meaux, et NIVERT, à Provins, ont obtenu de belles variétés.

———

CHOIX DES PLUS BELLES VARIÉTÉS

MISES AU COMMERCE DANS CES DERNIÈRES ANNÉES

—

Les années indiquées annoncent l'époque de la mise en vente.

1. — **Alba magna** (H. Demay, 1862), corymbes de fleurs globuleuses du blanc
   le plus pur, petit centre jaune vif ; la
   plus belle variété à fleurs blanches.

2. — **Arethusa** (Boucharlat, 1859), larges corymbes de fleurs rose-chair, très-
   florifère.

3. — **Annei** (Chaté, 1863), belles boules de
   fleurs jaune vif bien bordé blanc,
   variété très-florifère, et la plus belle
   à fleurs jaunes.

4. — **Brillantissima** (Ferrand, 1863), fleurs très-grandes, à centre jaune passant au rouge écarlate, bordé saumon, très-bien faites.

5. — **Coccinea** (Baudinat, 1859), fleurs petites mais bien faites, orange passant au cramoisi, bordé aurore.

6. — **Compactum** (Ferrand, 1863), fleurs moyennes jaune chamois vif, centre acajou, passant au violet-poupre.

7. — **Cléopâtre** (Rendatler, 1863), grandes fleurs blanc chair, passant au rose centre jaune d'or, peu florifère.

8. — **Domination** (Ferrand, 1863), gros corymbes de fleurs très-larges, à formes bombées, saumon vif à centre jaune d'or.

9. — **Etoile de Provence** (Ferrand 1862), fleurs moyennes bombées, jaune orange passant au rouge orange vermillonné,

variété très-florifère (*feuilles du Mexi-*
cana).

10. — **Florentina** (Chaté, 1863), boule de
fleurs bien faites, d'un beau blanc de
neige, large centre jaune ; ces deux
couleurs bien égales de largeur sont
d'un grand effet.

11. — **Ferrandis** (Ferrand, 1863), fleurs très-
grandes, jaune bordé rose vermillon
passant au cramoisi brillant.

12. — **Fabiola** (Rendatler, 1863), fleurs blanc
pur entouré rose tendre, espèce vi-
goureuse.

13. — **Impératrice Eugénie** (Boucharlat,
1859), fleurs rose chair centre blanc
paille, à petit bois, variété extra florifère et naine, propre à former de
magnifiques bordures ; paraît être is-
sue d'un croisement des types *L. odorata* et *L. lilacina*.

14. — **Impératrice Eugénie alba** (Chaté, 1864), obtenue de la précédente, même port et même forme, feuilles un peu plus grandes à fleurs blanc de neige.

15. — **L'Impératrice** (Hans, 1864), fleurs bombées rose tendre à large centre blanc, variété naine mais délicate ; paraît être un métis du type *L. odorata.*

16. — **Le Nain** (Rendatler, 1864), grosses fleurs amarante vif, variété naine à gros bois ; paraît provenir du *L. mutabilis.*

17. — **L'Avenir** (Ferrand, 1862), la plus grande fleur du genre, jaune canari passant au rose chair ; perfection de forme, mais peu florifère.

18. — **Marcella** (Chaté, 1864), grandes fleurs, jaune passant au lilas clair ; perfection de forme et très-florifère.

19. — **Métella** (Chaté, 1864), fleurs à forme

bombée, jaune foncé passant au rouge-orange cuivré.

20. — **Nec-plus-ultra** (Rendatler, 1864), fleurs bien faites, bombées, jaune passant au rouge cramoisi foncé.

21. — **Rose d'Amour** (Ferrand, 1862), fleurs très-grandes à forme plate, rose nuancé plus foncé, peu florifère.

22. — **Souvenir de Pékin** (Ferrand, 1862), fleurs bien faites, jaune paille en commençant, passant au pourpre violacé, variété à grand effet et très-florifère; magnifique.

23. — **Triomphe** (H. Demay, 1863), fleurs rose saumoné, centre orange foncé passant au rose vif; plante demi-naine.

24. — **Volcan** (Ferrand, 1862), fleurs très-grandes, jaune marbré passant au rouge cuivré, perfection de forme et très-florifère. extra belle.

Ces 24 variétés sont les plus belles que nous ayons vues fleurir ; elles ont été choisies parmi plus de 60 autres ; elles représentent tout ce qu'il y a de réellement beau dans ce genre.

———

Variétés issues du *Lantana Sellowiana*. M. Chauvière, ancien horticulteur, est le seul semeur qui se soit occupé et s'occupe encore avec persévérance de cette espèce, qui malheureusement donne fort peu de graines. Les variétés obtenues jusqu'à ce jour n'ont pas encore donné de nouveaux coloris qui s'éloignent beaucoup du type ; elles sont d'un violet rougeâtre, soit clair, soit foncé, à centre blanc plus ou moins grand.

Les quatre variétés dont nous allons donner la description sont d'un mérite sans égal pour faire des bordures.

30. — **Alba violacea**, fleur la plus grande du genre, violet foncé, large centre blanc.

31. — **Bernesiana,** fleurs lilas-violet petit centre blanc, à branches traçantes très-longues, la moins florifère.

32. — **Delicatissima,** fleurs violet clair à centre blanc; variété très-florifère et la plus belle.

33. — **Tom Pouce,** fleurs un peu plus grandes que la précédente, d'un coloris plus foncé à centre blanc très-grand; branches très-ramassées.

Paris.—Imprimerie horticole de E. Donnaud, rue Cassette, 9.

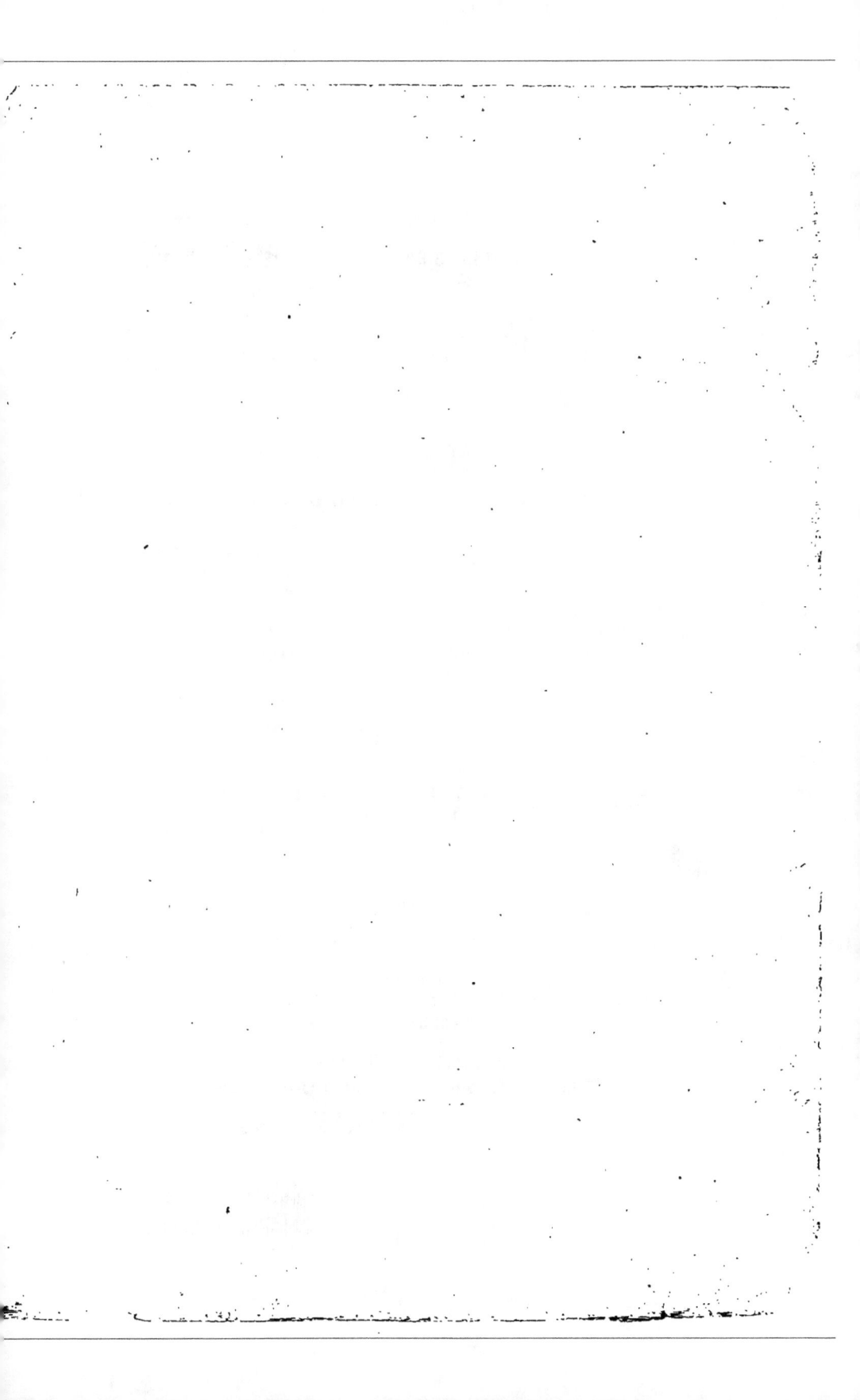

ON TROUVE :

A LA LIBRAIRIE D'HORTICULTURE DE E. DONNAUD,
9, rue Cassette, 9.

L'HORTICULTEUR FRANÇAIS
DE 1851

JOURNAL DES AMATEURS ET DES INTÉRÊTS HORTICOLES

Paraissant du 5 au 10 de chaque mois.

PRIX DE L'ABONNEMENT : PARIS . . . . . 10 fr. par an.
DÉPARTEMENTS 11 fr. —
ÉTRANGER. . . 15 fr. —

L'abonnement part du 1er janvier de chaque année. — On ne s'abonne pas pour moins d'une année. — Envoyer un mandat sur la poste au nom de E. DONNAUD.

LE

NOUVEAU JARDINIER

ILLUSTRÉ

1 vol. grand in-18 jésus de **1800** pages.

PAR

MM. F. HÉRINCQ
ALPH. LAVALLÉE — L. NEUMANN — B. VERLOT — COURTOIS-GÉRARD
J.-B. VERLOT — PAVARD — BUREL

Avec plus de 500 dessins intercalés dans le texte.

Prix : broché, 7 fr.; — cartonné, 8 fr.; — relié, 9 fr.

Paris. — Imprimerie de E. DONNAUD, rue Cassette, 9